Ẹ̀kọ́ Nípa Oògùn Akunílórun

Apá Kìíní

Nkọwa nke ngalaba ọgwụ ọgwụ nye ọdịiche nke nwoke na nwaanyị nke a chọpụtara na mgbake site n'anaesthesia

Yoruba Language and Igbo Language

for

Healthcare Workers

Yéwandé Òkúnọ́rẹ̀n-Òyekénù

Dorcas Ọláyínká Anwankwo

Abel Àpata

Cynthia Ogbenyealu Echeme

Okunoren-Oyekenu, Anwankwo, Echeme & Apata (2022)   Yoruba Language and Igbo Language for Healthcare Workers

ÌYÀSÍMÍMỌ

Mo fi ìwé yìí sọrí ọkọ mi tí o ti filẹ̀ ṣaṣọọ bora, Folúṣẹ̀kẹ̀ Démiladé

Òyekénù. Ẹni tí ó ṣe àtìlẹ́yìn fún mi lákokò ìwádìí mi. Kí Olúwa tẹ́ wọn

sínú afẹ́fẹ́ rere.

ÌDÚPẸ́

Mo dúpẹ́ lọ́wọ́ Ọlọ́run Olòdùmarè fún àanú àti ààbò rẹ̀ lákokò ìrìn-àjò nínú èkọ́ mi.

Bákan náà n kò ní gbàgbé sùúrù tí omo mi Abídọ́ba ní fún mi lákokò yìí kan náà, o ṣé mo dúpẹ́. Mo fẹ́ fi ìmoore hàn fún àwọn òbí mi, Very Revd Dr. (Capt.) Philip Adebayo àti Ìyàáfin Helen Olúfúnmiláyò Òkúnọ́rẹ̀n, tí wọ́n ṣe àtìlẹ́yìn fún mi. Mo dúpẹ́ lówó yín. Àwọn àbúrò mi, Abíódún, Adéṣẹ̀yẹ, àti Ọpẹ́yẹmí àti àwọn ọkọ wọn, Adéwálé, Bámidélé, àti Olúmidé náà kó ipa pàtàkì nínú ìgbésayé mi nípa àbójútó ọmọ mi nígbàkúgbà ti mo bá lọ láti ṣe iṣẹ́ ìwádìí àti ìdánwò. Ẹ ṣeun púpọ̀, kí Ọlọ́run búkún fún ẹyin àti ẹbí yín. Mo dúpẹ́ lọ́wọ́ gbogbo ẹbí ìdílé Òkúnọ́rẹ̀n àti Òyekénù. N kò ní gbàgbé àwọn òrẹ́, àti àwọn ẹlẹgbẹ mi tí wọ́n ṣe àtìlẹ́yìn fún mi lákokò àwọn Ìdánilẹ́kọ̀ọ́ àti ìwádìí mi.

ỌRỌ̀ ÀKỌ́RỌ

Ìwé yìí wà fún àwọn akọ́ṣẹ́mọṣẹ́ ètò ìlera àtí gbogbo ènìyàn tí wọ́n nífẹ̀ẹ́ sí bí àwọn oògùn akunílórun fún iṣẹ́ abẹ ṣe ń ṣiṣẹ́ lára. Ìwé yìí fi ìyàtọ̀ hàn láarín ọkùnrin àtí obìnrin nípasẹ̀ àìlera lẹ́yìn iṣẹ́ abẹ pàápàá láarín àwọn ènìyàn tí ó wà láti orílẹ̀ èdè kan sí òmíràn. Yàtò sí àwò ara wa, bíi aláwọ̀ funfun tàbí aláwọ̀ dúdú, ìyàtọ̀ tún wà nínú imú wa. Orísìírísìí imú ni ó wà, imú aláwọ̀ dúdú yàtọ̀ sí tí Chinese, tàbí imú aláwọ̀ funfun. Gbogbo àwọn ìyàtọ̀ yìí lè fa kí iṣẹ́ abẹ kí ò yára tàbí kí ò pẹ́ sí. Bákan náà ìwé yìí tún tan ìmọ́lẹ̀ sí iṣẹ́ abẹ fún imú àwọn ènìyàn àtí ipa tí àwọn dókítà tí ó kó nínú iṣẹ́ abẹ láti jẹ́ kí ìlera dé bá àwọn ènìyáàn lásìkò lẹ́yìn iṣẹ́ abẹ pẹ̀lú oògùn akunílórun.

Mo nírètí pé ìwọ yóò gbádùn kíka ìwé yìí.

Mo dúpẹ́.

Wendy Noren

Yéwandé Òkúnọ́rẹ̀n-Òyekénù.

ÀTỌ́KA ÀKÓÓNÚ /TEBULU ỌDỊNAYA

ORÍ KÌN- ÍN -NÍ

ÌYÀTỌ̀ LÁARÍN AKỌ TÀBÍ ABO PẸ̀LÚ ÌYÀTỌ̀ NÍNU ÀWỌ ARA LÓRÍ ÌMÚLARADÁ/ÌWÒSÀN LẸ́YÌÌN OÒGÙN AKUNILÓRUN FÚN ISE ABẸ

ISI NKE OTU

NDABERE NKE ỊBỤ NWOKE MA Ọ BỤ NWAANYỊ YA NA AGBỤRỤ ONYE SI PỤTA, KA IHE NTULE N'EBE MGBAKE NKE ANESTETIIKI.

ORÍ KEJÌ

ÌYÀTỌ̀ NÍNÚ ÀWỌ ARA LÓRÍ ÌMÚLARADÁ/ÌWÒSÀN TÍ Ó PÉYE LẸ́YÌN OÒGÙN AKUNILÓRUN FÚN IṢẸ́ ABẸ LÓRÍ IMÚ

ISI NKE ABỤỌ

ỌDỊICHE AGỤRỤ DỊ NA MGBAKE SITE N'ANAESTHESIA

MGBE RHINOPLASTY GASỊRỊ

ORÍ KẸ́TA

WÍWỌ̀N FÚN ÌRORA LẸ́YÌN IṢẸ́ ABẸ PẸ̀LÙ OÒGÙN AKUNÍLORUN

ISI NKE ATỌ

NTULE NKE MGBU NA NJIKWA ANAESTHESIA

ORÍ KÌN- ÍN -NÍ

ÌYÀTỌ̀ LÁARÍN AKỌ TÀBÍ ABO PẸLÚ ÌYÀTỌ̀ NÍNU ÀWỌ ARA LÓRÍ ÌMÚLARADÁ/ÌWÒSÀN LẸ́YÌÌN OÒGÙN AKUNILÓRUN FÚN ISE ABẸ

Ní ọdún 2001, Ortolani, Conti, Sall, *et al*. (2001) sọ pé àwọn ọmọ Áfíríkà márùn-úndínlógún aláwọ̀ dúdú ti orílẹ̀-èdè Senegal gba àkókó kí wọ́n tó jí padà lẹ́yìn oògùn akunilórun Propofol fún iṣẹ́ abẹ. Ṣùgbọ̀n àwọn aláwọ̀ funfun márùn-úndínlógún láti orílẹ̀-èdè Italy tí wọ́n kópa nínú ìwádìí yìí ṣáájú àwọn aláwọ̀ dúdú jí padà lẹ́yìn iṣẹ́ abẹ pẹ̀lú Propofol (Ortolani, Conti, Sall, *et al.,* 2001). Ní àkókó yìí kan náà ni àwọn oníwàdìí Myles *et al.* (2001) ṣe ìwádìí ní orílẹ̀-èdè Australia lórí ìyàtọ̀ láarin ọkúnrin àti obínrin nínú ìmúlaradá/ìwòsàn lẹ́yín oògùn akunilórun fún iṣẹ́ abẹ. Ìwádìí orílẹ̀-èdè Australia yìí ṣe àkíyèsí pé àwon obínrin máa ń ṣáájú àwon ọkúnrin jí padà lẹ́yín iṣẹ́ abẹ, nígbà tí àwọn oníwàdìí ṣe àyẹ̀wò láarin ọkúnrin mọ́kànlélógójì-lé-lúgba (241) áti obínrin méjìlélógún-lé-lúgba (222). Àwọn oníwàdìí yìí jẹ́ kí a mọ̀ pe àwọn aláìsàn ṣe lè la ojú wọn lẹ́yín iṣẹ́ abẹ, èyí ni ó jẹ́ kí mọ̀ wí pé àwọn obínrin máa ń tètè jí lẹ́yín iṣẹ́ abẹ, ṣùgbọ́n wọ́n ṣe àkíyèsí pé, àwọn obínrin máa ń ṣe àfisùn èyìn ríro, orí fífọ́ àti èébì ju àwọn ọkúnrin lọ (Myles *et al.* 2001).

Ìyàtọ̀ le wáyé láarin ọkúnrin àti obínrin nípasẹ̀ bí omi ṣe pọ̀ ní ara àti bí oògùn ṣe ń ṣiṣẹ́. Ọ̀pọ̀lọpọ̀ iṣẹ́ ìwádìí ni àwon onímọ̀ ìjìnlẹ̀ ti ṣe ṣùgbọ́n kò tí sí ìmọ̀ àti àlàyé tí ó péye lórí nǹkan tí ó fa ìyàtọ̀ láarin àwon ènìyàn orílẹ̀-èdè tí a sọ nípa wọn. Àlàyé lórí ìyàtọ̀ láarin ọkúnrin àti obínrin nípasè bí oògùn akunilórun şe ń şişé lára şe pàtàkì. ìwádìí ti Òkúnọ́rẹ̀n-Òyekénù. *et al.* (2014) láarin ọkúnrin ogún àti obìnrin ogún (20) fihan pé ní orílẹ̀-èdè Nigeria, ìyàtò wà láarin ọkúnrin àti obínrin nípasè imúlaradá/ìwòsàn léyín lílo oògùn tí a lò fún işé abẹ. Oògùn akunilórun lè fa ìdánidúró tí oògùn mìíràn bá tako işé rẹ, nítorí ìdí èyí ni àwọn dókítà gbọ́dọ̀ mọ ìgbà àti àkókò tí ó yẹ kí wọ́n dá işé oògùn akunilórun dúró (Ellermeier *et al.*, 1995; Feine *et al.*, 1991; Gutiérrez Lombana & Gutiérrez Vidál, 2012).

Ìyàtò tún wáyé láarin ọkúnrin àti obìnrin nípa bí aláìsàn şe ní ìrora sí, ní orísirísi ọ̀nà Op3 receptor (Zubeital et al., 1999). Àwọn obìnrin nínú ìwàdìí Òkúnọ́rẹ̀n-Òyekénù et al. (2014) sọ nípa ẹ̀yìn ríro àti orí fífọ́ ti ó pòjù àwọn ègbẹ́ wọn ọkúnrin lọ léyín işé abẹ. Àwọn obìnrin tí ó gba oògùn akunilórun Thiopental sọ nípa ẹ̀yìn ríro àti orí fífọ́ pòjù fún àwọn ègbẹ́ obìnrin tí wọ́n gba oògùn akunilórun Propofol. Tí a bá lo Propofol àti Thiopental fún àwọn ọkúnrin, wọn kìí ní ìrora, èébì tàbí orí fífọ́. Àwọn obìnrin ni àìsàn orí fífọ́ ati ẹ̀yìn ríro máa ń şẹlẹ̀ sí nítorí nǹkan oṣù wọn, ìdí èyí, àwọn obìnrin kò gbọ́dọ̀ şişẹ abẹ nígbà tí wọ́n bá şe nǹkan oṣù, kí àwọn àìsàn orí fífọ́ ati ẹ̀yìn ríro lè dínkùn (Ajuzieogu *et al.*, 2011; Murrie *et al.*, 2003; Stadler *et al.*, 2003).

Bí ó ku ọjọ́ kan sí ọjọ́ méjì kí a tó şe işé abẹ, àwọn dókítà lè fún aláìsàn ní oògùn tí yòó fún wọn ní ìfọkànbalẹ̀ tàbí kí wọn ba à lè jẹ́ kí wọ́n sùn. Èyí şe pàtàkì nítorí àwọn aláìsàn lè máa bèrù işé abẹ. Şùgbọ́n, nínú ìwádí Òkúnọ́rẹ̀n-Òyekénù *et al.* (2014), àwọn dókítà kò lo oògùn oorun fún aláìsàn ní ọjọ́ kọ̀ọ̀kan rárá kí wọ́n tó ṣiṣẹ́ abẹ. Tí ó ba jẹ́ pé wón lo oògùn oorun fún bí ọjọ́ kan kí wọ́n tó ṣiṣẹ́ abẹ, bóyá ìyàtọ̀ lè wáyé nínú ìwádí wọn. Nítorí náà, Stadler *et al.* (2003), sọ wí pé tí aláìsàn bá jẹ́ obìnrin, ẹni tí ó ń fa sìgá(cigar) tàbí ẹni tí dókítà fún ní oògùn akunilórun fún iṣẹ́ abẹ, èyí là fa kí aláìsàn náà máa bì èébì tí ó pọ̀ jù tó bẹ́ẹ̀ tí ó lé mú kí okùn ẹmí aláìsàn nàà já lójijì. Maurice-Szamburski *et al.* (2015), sọ pé kó sí ìyàtọ̀ nínú àwọn aláìsàn tí a fún ní Lorazepam (oògùn oorun fún ìfọkànbalẹ̀ kí a tó ṣiṣẹ́ abẹ) áti àwọn tí kò gba Lorazepam kí a tó ṣiṣẹ́ abẹ nípasè bí wọ́n ṣe gba oògùn akunilórun nígbá tí iṣẹ́ abẹ ń wáyé. Kim *et al.* (2017), ṣe ìwádìí lẹ́yìn iṣẹ́ abẹ, bákan náà, kó sí ìyàtọ̀ nínú àwọn aláìsàn tí a fún ní Midazolam (oògùn oorun fún ìfọkànbalẹ̀ kí a tó ṣiṣẹ́ abẹ) áti àwọn tí kò gba Midazolam kí a tó ṣiṣẹ́ abẹ nípasè ìmúlaradá/ìwòsàn lléyìn iṣẹ́ abẹ. Ìwàdìí tí ó péye lórí àwọn oògùn tí àwọn dókítà ń lò kí wọ́n tó ṣiṣẹ́ abẹ, ó ṣe pàtàkì kí wọn bèrè lọ́wọ́ aláìsàn bóyá wọn fa sìgá (cigar), ó pọn dandan kí àwọn oníwàdì tí ó ń bọ̀ lẹ́yìn lè ṣiṣẹ́ lórí elèyí.

Àwọn irinṣẹ́ tí àwọn dókítà ń fi sí ọ̀nà ọfun kí aláìsàn lè máa mí dáadáa, tún lè fa orísirisí àìsàn lẹ́yìn iṣẹ́ abẹ, bíi; ikọ́, ọ̀nà ọ̀funn dídùn àti bẹ́ẹ̀ bẹ́ẹ̀ lọ, irú nńkan yi lè fàá kí aláìsàn lè pẹ́ ní ilé ìwòsàn (Christensen *et al.*, 1994; Jaensson *et al.*, 2014; Loeser *et al.*, 1980 and Macario *et al.*, 1999). Àwọn oníwàdí tí rí i wí pé ìyàtọ̀ wà láarin ọkúnrin àti obìnrin nípasè ọ̀nà ọ̀fun ríro/dídùn lẹ́yìn iṣẹ́ abẹ nítorí irinṣẹ́ tí àwọn dókítà fi sí ọ̀nà ọ̀fun (Canbay *et al.*, 2008; Myles *et al.*, 2001). Jaensson *et al.*

(2014) ṣe ìwádìí láarin ọkúnrin àti obìnrin, ṣùgbọ́n a kò rí ìyàtọ̀ láarin wọn nínú ìwádìí rẹ̀. Àwọn dókítà lo irinṣẹ́ tí ó lè gba ọ̀nà ọ̀fun oníkálùùkù. Èyí ja sí pé, àwọn dókítà lo irinṣẹ́ fún ọ̀nà ọ̀fun tí ó kéré fún àwọn obìnrin ju ti àwọn ọkúnrin aláìsàn ẹgbẹ́ wọn. Ṣùgbọ́n, àwọn oníwàdí bíi Myles *et al.* (2001), Ajuzieogu *et al.* (2011), àti Fenta *et al.* (2020) rí ìyàtọ̀ láarin ọkúnrin àti obìnrin nínú ìwádìí ti wọn lórí ọ̀nà ọ̀fun ríro léyìn iṣẹ́ abẹ.

Kí àwọn oníwàdì tó lè sọ pé ìyàtọ wà láarin ọkúnrin àti obÍnrin, wọ́n gbọ́dọ̀ rí i pé àwọn aláìsàn lo oògùn tó bá wọn lara mu nínú íwàdìí wọn, wọn wò bí wọn ṣe ga tó tàbí sanra tó. Nítórí ìdì èyí, a kò lè sọ pé ẹni tí ó ní omi lára àti ẹni tí ó ní omi púpọ̀ lára dọ́gba nígbà tí wọ́n bá ń dáhùn ìbéèrè lórí ìrírí wọn lórí oògùn akunílórun fún iṣẹ́ abẹ. Omi ara, àárùn ọpọlọ, nǹkan oṣù obÍnrin, àti bí oníkálùùkù ṣe lè gba ìnira tí wọ́n bà wà ní ìrora lè fa ìyàtọ̀ láarin àwọn aláìsàn nípasẹ̀ múlaradá/ìwòsàn tí ó yẹ léyín iṣẹ́ abẹ pẹ̀lú oògùn akunílórun. Ìwádìí lórí Ìyàtọ̀ ní àwọ̀ ara fihàn pé nígbà tí àwọn oníwàdì ṣe àyẹ̀wò láarin àwọn ará orílẹ̀-èdè Brazil, Kenya àti àwọn aláwọ̀ funfun mìíràn, àwọn ará orílẹ̀-èdè Brazil ṣáájú àwọn ara Kenya jí padà léyín oògùn akunilórun. Àwọn aláwọ̀ funfun tí a mọ̀ sí Caucasians ni ó ṣáájù láti jí padà láarin àwọn orílẹ̀-èdè mẹ́tẹ́èta (Ortolani, Conti, Ngumi, *et al.*, 2004). Àmọ́, nígbà tí a ṣe íwàdìí láarin aláìsàn àwọn orílẹ̀-èdè China, India, Malaysia, àti Caucasian (àwọn aláwọ̀ funfun), Chinese àti Caucasian ṣáájù àwọn yòókù wọn jí padà. Malaysian àti Indian pẹ́ ki wọ́n to jí, Indian ni ó pẹ́ jí jù láarin wọn lẹ́yín

10

oògùn akunilógun (Ortolani, Conti, Chani, *et al.*, 2004). Natarajan *et al.* (2011) ṣe íwàdìí láarin àádọ́ta (50) aláwọ̀ funfun àti àádọ́ta aláwọ̀ dúdú ní orílẹ̀-èdè Britain, wọ́n sì ri pé iṣẹ́ wọn rí bákan náà pẹ̀lú iṣẹ́ ti àwọn oníwàdì Ortolani, Conti, Sall, *et al.* (2001), wọ́n gbà pé aláwọ̀ dúdú máa pẹ́ jí lẹ́yín oògùn akunilórun. Àwọn dókítà orílẹ̀-èdè Britain fún àwọn aláìsàn ní oògùn pẹ̀lú bí oníkálùùkù ṣe nílò oògùn sí, èyí tí ó ṣe àtìlẹ́yìn fún wọn láti fún aláwọ̀ dúdú ní oògùn akunilórun tó kéré díẹ̀ ní wíwọ̀n sí ti aláwọ̀ funfun (Natarajan *et al.*, 2011). Ní orílẹ̀-èdè America, aláìsàn aláwọ̀ dúdú márùn-úndínlogún àti aláìsàn aláwọ̀ funfun méjìdínlọ́gbọ̀n kópa nínú íwàdìí láti dáhùn ìbèèrè lórí bí wọn ṣe ní ìtẹ́lọ́rùn sí lẹ́yín ìtọ́jù ti wọ́n rí gbà ìtọ́jù lẹ́yín tí wọn ṣiṣẹ́ abẹ fún wọn, o fihàn pé ìyàtọ̀ wà láarín aláwọ̀ dúdú àti aláwọ̀ funfun pẹ̀lú ìtọ́jù tí wọ́n fún ní ilé ìwòsàn (Dos Santos Marques *et al.*, 2020). Ṣùgbọ̀n, àwọn tí ó kópa kò pọ̀ tó, nítorí ìdí èyí àwọn aláìsàn tó lé ní ẹẹ́dẹ́gbẹ̀ta (500) kópa nínú íwàdìí, ó sì fihàn pé kó sí ìyàtọ̀ láarin ọkúnrin àti obínrin, tàbí ìyàtọ̀ ní ọjọ́ orí nípasẹ̀ ara ríro lẹ́yín iṣẹ́ abẹ, bí ó ti lè jẹ́ pé àwọn ìwàdìí fihàn pé àwọn ọmọdé ní ara ríro ju àwọn arúgbó lọ (Kanaan, 2021). Ìwàdìí lórí ìyàtọ̀ láarin ọkúnrin àti obínrin alawo funfun àti aláwọ̀ dúdú ṣe pàtàkì nítorí àwọn èsì tí kò bara wọn mu láarin iṣẹ́ àwọn oníwàdì.

Puri *et al.* (2011) ṣe ìwádìí oògùn akunilórun Propofol nínú àwọn aláìsàn tí órilẹ̀-èdè India fún iṣẹ́ abẹ tí kò kọjá wákàtí méjì. Wọ́n sì rí i pé lẹ́yín ìṣẹ́ẹjú méjì sí ìgbà tí àwọn dókítà kun aláìsàn lórun, 5,500ng/ml oògùn akunilórun Propofol ní o wà nínù ẹ̀jẹ̀ awọn aláìsàn.

Léyìn wákàtí mẹ́rìnlelógún (ìyẹn ọjọ́ kan), oògùn akunilórun ti kúrò nínù ẹ̀jẹ̀ àwọn aláìsàn. Nǹkan tí órunílójú fún àwọn oníwàdí káàkíri àgbàye ni wí pé, ìyàtọ̀ lè wáyé lórí ìwàdìí lórí àwọ̀ ara, ṣùgbọ̀n ìwàdìí fihàn wí pé lórí ìyàtọ̀ láarin ọkúnrin àti obìnrin gbogbo àwọn oníwàdi rí i dájú pé àwọn obìnrin ni ó ní ìrírí tí kò bójúmu nítorí oògùn akunilórun tí ó fa ẹ̀ẹ́bì, ìrora àti orí fífọ́ tí ó pọ̀jù ti àwọn ọkúnrin lọ. Láarin àwọn obìnrin kàn náà, ìyàtọ̀ wà. Èyí ni ó fihàn nígbà tí àwọn ọgbọ̀n obìnrin Chinese àti ọgbọ̀n obìnrin Indian ṣe àyẹ̀wò léyìn iṣé abẹ, wọ́n ṣàkíyèsí pé àwọn obìnrin orílẹ̀-èdè India ni ìrora ju ti àwọn obìnrin China lọ (Ng, 2019).

Àwọn oníwàdì káàkiri àgbayé rí i wí pé íwàdìí gbọ́dọ́ máa wáyé lórí gbogbo oògùn tá a fi ń ṣiṣé abẹ. Ṣùgbọ́n ní awon orílẹ̀-èdè tí wọn kò tíì dàgbàsókè, íwàdìí lórí oògùn fún ìtójú awon aláìsàn fún iṣé abẹ kò lè rọrùn nítorí kò sí owó iṣẹ́é íwàdìí bẹ́ẹ̀. (Choo, 2020; Puri *et al.*, 2011). Àwọn oníwàdì ní orílẹ̀-èdè India bíi Puri *et al.* (2011) ṣe íwàdìí fún iṣé abẹ pẹ̀lú oògùn akunilórun tí ó wáyé fún wákàtí méjì. Ní orílẹ̀-èdè Nigeria àwọn oníwàdì bíi Òkúnọ́rẹ̀n-Òyekénù *et al.* (2014) ti ṣe íwàdìí fún iiṣé abẹ pẹ̀lú oògùn akunilórun tí ó wáyé ní àkókò tí kò kọjá wákàtí mẹ́sàn-án. Ní orílẹ̀-èdè India, Puri *et al.* (2011) ṣe àyẹ̀wò lórí Propofol fún aláìsàn mẹ́rìndínlógbọ̀n, ṣùgbọ̀n, Òkúnọ́rẹ̀n-Òyekénù *et al.* (2014) ní orílẹ̀-èdè Nigeria bákan náà, wón tún ṣe àyẹ̀wò pèlú Propofol àti Thiopental lórí aláìsàn ogójì èníàn (ogún ọkúnrin àti ogún obĺnrin). Ìyàtọ̀ láarin àwọn aláìsàn orílẹ̀-èdè India àti aláìsàn orílẹ̀-èdè Nigeria fihàn pé léyín iṣẹ́ abẹ, oògùn akunilórun máa ń ṣẹ́kù lára. Bí oògùn yìí bá pẹ́ kí ó tó kúrò lára léyín iṣẹ́ abẹ, ò lè jẹ́ kí aláìsàn pẹ́ jí padà lásìkò. Nítorí náà, àwọn dókítà tí wọ́n ń lo oògùn akunilórun tí a mọ̀ sí Anaesthetist, gbọ́dọ̀ máa fún àwọn aláìsàn ní oògùn yìí bí ara wọn bá ṣe féẹsí. Kò dára kí aláìsàn tí ó wà ní ẹsẹ̀ kan ayé ese kan ọrun kí ó tún máa gba oògùn akunilógun sí ara, nítorí náà yóò ti pọ̀jù fún irù aláìsàn ní ara, ó sì lè já sí ikú fún aláìsàn bẹ́ẹ̀.

ISI NKE OTU

NDABERE NKE ỊBỤ NWOKE MA Ọ BỤ NWAANYỊ YA NA AGBỤRỤ ONYE SI PỤTA, KA IHE NTULE N'EBE MGBAKE NKE ANESTETIIKI.

N'ihe dị ka 2001, Ortolani, Conti, Sall, *et al.* (2001) chọpụtara na ndị isi ojii nke Black Africa iri anọ na ise bụ ndị sitere na agbụrụ Senegal, were ogologo oge iji gbakee site n'ogwu nke Anaesthesia, ma ọ bụrụ na e jiri ya tụnyere ọnụ ọgụgụ ndị Caucausia nke Ịtali bụ ndị enyochara nke ọma site n'iwere otu ọnụọgụ ahụ e weere site na ndị Caucausia ndi si agbụrụ Italy - n'idabeere n'ihe àmà sitere na nchịkọta nke bispectral propofol metabolism. N'ime otu oge ahụ, ọmụmụ ihe Australia nke Myles *et al.* (2001) kọrọ. N'ime otu oge ahụ, ọmụmụ ihe Australia nke Myles *et al.* (2001) kọrọ ọdịiche dị n'ụdị nwoke na nwanyị, nke bụ nchọpụta e jírí ụmụ nwoke dị narị abụọ na iri anọ na otu na ndị ọrịa narị abụọ na iri abụọ na abụọ, bụkwa ndị e ji Propofol Anaesthesia na-aga iwa ha ahụ. Ụmụ nwanyị ndị ọrịa sitere na ọdịiche nke hormone nke metụrụ Propofol Anesthesia metabolism, nwere ike ịgbake dị ka Atụghị anya site n'imeghe anya na irube isi n'iwu mana ha na-akọkwu nsogbu ndị ọzọ mgbe arụchara ọrụ (Myles *et al.* 2001).

Ndị nchọpụta na-amata agbụrụ mmadụ tinyere ma onye ahụ ọ bụ nwoke ma ọ bụkwanụ nwaanyị, site na ngwa ahụ metabolism ha. E meela ọtụtụ ọmụmụ ihe ka emechara mana na-elekwasị anya na mpaghara ahụike nke agbụrụ ya na ntakịrị ọmụmụ gbasara ọgwụ pharmacokinetics agbụrụ na ndịiche dabere na pharmacokinetic.

Ịghọta ọdịiche dị n'etiti nwoke na nwanyị dị mkpa na iweghachi ahụ ahụ na ọnọdụ nke mmụọ mgbe a wachara ya ahụ site na ọgwụ anestetiiki. Okunoren-Oyekenu *et al.* (2014) na ndị nchọpụta gburugburu ụwa achọpụtala nke a na anaesthesia nwere ike ịkwụsị ma ọ bụrụ na mmekọrịta ọgwụ na ọgwụ. Ndị nchọpụta na-amata ọdịiche dị n'etiti nwoke na nwanyị na agbụrụ na metabolism. Emeela ọtụtụ ọmụmụ ihe ka emechara kama na elekwasịkarịrị anya na mpaghara ahụike agbụrụ karịa n'ọmụmụ gbasara ka ọgwụ si akpa ike n'ahụ nwoke ma ọ bụ n'ahụ nwaanyị, tinyere ka agbụrụ onye si pụta si emetụta ike ọgwụ ndị a na-akpa n'ahụ mmadụ. Ịghọta ọdịiche dị n'etiti nwoke na nwaanyị dị mkpa n' ime ka mkpụrụobi onye ahụ loghachitekwa n'ahụ ya site n'ọnọdụ amaghị onwe ya nke ọ nọ nke sitere n'ọgwụ Anaesthesia e nyere ya tupu a waa ya ahụ. Okunoren-Oyekenu *et al.* (2014) na ndị nchọpụta gburugburu ụwa achọpụtala nke a na Anaesthesia nwere ike ịkwụsị ma ọ bụrụ na ọgwụ na ọgwụ agakọọ. Ọdịiche dị n'etiti ụmụ nwoke na ụmụ nwanyị gbasara mmetụta ihe mgbu nwere ike ime nke nwekwara ike ibute igbu oge na nlọghachi nke mmụọ mmadụ n'ahụ ya.ahụ ya (Ellermeier *et al.*, 1995; Feine *et al.*, 1991; Gutiérrez Lombana & Gutiérrez Vidál, 2012).

Ndịiche na-adị na ịbụ nwoke ma ọ bụ nwaanyị maka ijikọ µ (Op3) na nnara ya na-ebute ndịiche na-adị ma a bịa n'ihe mgbu n'etiti nwoke na nwaanyị (Zubeital *et al.,* 1999). Ụmụ nwanyị ndị ọrịa nọ n'ihe omumu nke Okunoren-Oyekenu *et al.* (2014) nwere ọtụtụ ihe nsogbu ka a wasịrị ha ahụ, nsogbu dịka azụ mgbu, isi ọwụwa, karịa ndị nke nwoke.

N'ihi na ọ dị ka e nwere mmụba nke ọrịa Lumba Lordosia Migrain, nke bụ ọrịa nke sitere na mgbu nke ọkpụkpụ azụ, oke isi ọwụwa na isi ọwụwa, ndịinyom bụkarịsịrị ndị a na-atụ egwu na nke a ga na-emekarị dịka a wasịrị há ahụ. Ihe dịka azụ mgbu, isiọwụwa, na nke na-eme mmadụ ka ọ chọrọ ịgbọ Agbọ (Ajuzieogu *et al.,* 2011; Murrie *et al.,* 2003; Stadler *et al.,* 2003).

N'ihe ọmụmụ nchọpụta nke Okunoren-Oyekenu *et al.* (2014), e wepụrụ ọgwụ na-eme ka mmadụ hara iche echiche banyere afọ a na-aga ịwa ya. Dịka Stadler *et al.* (2003) kwuru, "inyom, ndị adịghị ese sịga, ndị natara ọgwụ Anaesthesia izugbe nwetara nsogbu nke ahụ ime mmadụ ka ọ na-achọ ịgbọ agbọ ya na nsogbu nke ọgbụgbọ. A sịkwaarịị na ha lebara anya n'ebe ndị isiojii nke mba Afirika nọ, ma nye ọgwụ nke na-eme ka mmadụ ghara iche echiche maka afọ a chọrọ ịwa ya, ọ doghị anya ma ike ọgwụ Anaesthesia na-akpa n'ebe ndị dị otú a, ma a gaara ahụ ihe dị iche. Maurice-Szamburski *et al.* (2015) ahụghị ihe ọ bụla dị mkpa n'etiti ọgwụ mgbochi echiche nke ịwa ahụ n'etiti ọgwụ Lorazepam n'ihe gbasara ma ọ bụ metụtara ihe ngabiga nke onye a wara ahụ site n'oge ọ bịara ụlọ ọgwụ rue n'oge a wachara ya ahụ. N'ime nchọpụta nke oge a wachara mmadụ ahụ, Kim *et al.* (2017) ahụghị ihe ọ bụla pụtara ịhè n'etiti ọgwụ mgbochi echiche ịwa ahụ n'ebe ọgwụ nke Midazolam nọ, n'ihe gbasara mgbake.

E kwesịrị ime ezigbo ihe ọmụmụ n'ihe gbasara mmetụta nke ọgwụ ndị a na-enye tupu awaa mmadụ ahụ maka ọnọdụ nke a n'ebe onye na-ese sịga nọ nye mgbake ya site n'anesthesia. Ejikọtala ihe nchọpụta e mere gbasara Endotracheal Tube Intubation' (nke bụ usoro ahụike nke a na-etinye tube n'ime okporo nke akpịrị) nke a chọpụtara na ọ na-akpata ọnya akpịrị, ya na ntachi akpịrị, bụ nke na-dapụta oge a wachara ahụ, bụkwa nke a sị na o so n'otu n'ime nrịanrịa ndepụta iri nke na-abịakarị ma a wachaa mmadụ ahụ. (Christensen *et al.*, 2014, Loeser *et al.*, 1980 & Macario *et al.*,1999). K'osiladị, e nwere ihe nchọpụta ndị na-emegiderịta onwe ha banyere ka tube a na-esi n'akpịrị etinye n'ime ahụ si emetụta ndị nke nwoke ma ọ bụ ndị nke nwaanyị n'ihe gbasara akpịrị mgbu na akpịrị ntachi ma a wachaa mmadụ ahụ. (Canbay *et al.*, 2008; Myles *et al.*, 2001) Jaensson *et al*, (2014) chọpụtara na ọ dịghị ndịiche dị n'ebe ndị nwoke ma ọ bụ ndị nke nwaaanyị nọ. Ha kwukwara na e nweghị ihe ndịiche ahụtara n'ebe ihe nsogbu nke akpịrị mgbu ya na akpịrị ntachi, bụ nke a sị na ọ ga-abụ maka na okporo tube nke e tinyere ndị nke nwaànyị dị obere karịa nke ụmụ nwoke,

Anụmamụ ihe gbasara endotracheal tube ma ọ bụ okporo a na-etinye n'ime ahụ mmadụ site n'ọnụ na mmetụta nke a n'etiti nwoke na nwanyị ma hụta na ọ dịghị ihe dị iche a hụtara na nke a oge a wachara mmadụ ahụ. Ihe ọmụmụ nke Myles *et al.* (2001), Ajuzieogu *et al.* (2011), na Fenta *et al.* (2020) mere hụrụ ndịiche dị n'ụdị nwoke na nwanyị na ọnya akpịrị mgbu mgbe arụchara ọrụ iwa ahụ. Iji mee nkwubi okwu pụtara ìhè n'ime ọmụmụ ihe gbasara ikom na inyom maka mgbu ọnya akpịrị nke na-dapụta ka a wachara ahụ, wee hụta ihe dị iche n'etiti ndị ikom na inyom. Iji nwee ezigbo mkpebi zuru okè nye ihe nchọpụta a a na-eme gbasara ikom na inyom, a ga-enwetiri otu ọnụ ọgụgụ n'ebe ndị ikom na inyom ndị a nọ. A na-enye ọgwụ anestetiiki site n'itule ka ahụ onye ahụ ha n'ibu (mg/kg), nke bụ ọkọlọtọ a chọrọ, na-eme ka ihe a chọpụtara n'ihe ọmụmụ ha n'ikpeazụ bụrụ nke ziri ezi. K'osiladị, ihe ndị ọzọ dị ka hormone, neuroanatomy, na ihe ndị ọzọkwa dị iche iche dị na ịbụ ikom ma ọ bụ inyom na-emetụta ka ọgwụ sị arụ ọrụ n'ahụ ha, nke na-akpatakwa ndịiche a na-enweta site n'aka ndị nchọpụta.

Nnyocha ole na ole metụtara ndịiche agbụrụ na-akọwa na mgbake site na nrịanrịa n'etiti ndị ọrịa na-adị ngwa ngwa n'umuafọ ndị Caucasia, ebe ndị Brazil na-eso ha,ma ndị Kenya lara ezigbo azụ na mgbake ha n'ime agbụrụ atọ ndị ahụ e ji mee ihe ọmụmụ ahụ (Ortolani, O., Conti, A., Ngumi, *et al.*, 2004). Mgbe e mere nke ndị ọrịa China, India, Malaysia, na Caucasian, ndị China na ndị Caucasian gbakere ngwa ngwa, ndị Malaysia na ndị India na-agbake nwayọ nwayọ, mana ndị India ka ọ na-ewe ezigbo oge igbake site n'ọgwụ Anaesthesia (Ortolani, Conti, Chani, *et al.*, 2004). Natarajan *et al.* (2011) jiri ndị nrịanrịa Britain ndịocha ọnụọgụgụ ha dị iri ise na ndị isi ojii ha dị iri ise wee mee ihe ọmụmụ ntụnyere a, ma weta otu ihe nchọpụta ahụ

Ortolani, Conti, Sall, *et al.* (2001) nwetara. Kama inye mmadụ ndị a niile ọgwụ ahụ n'out ụzọ, ọ nyere ha ọgwụ Anaesthesia a na ndabere nke agbụrụ onye si pụta. Nke a pụtara na ọ bụ obere ọgwụ Propofol ka ahụ ndí isiojii chọrọ iji mee ka ha baa n'ọnọdụ nke   amakwaghị onwe ha, karịa na ndị ọcha (Natarajan *et al.,* 2011). N'obodo USA, e mere ihe ntụnyere e ji ndị nrịanrịa isiojii iri na ise na ndịocha iri abụo na asatọ nke gosiri Ndịiche n'etiti otu abụọ a, daberekwa n'ihe niile ha gabigara n'ọwụwa ahụ ahụ (Dos Santos Marques *et al.,* 2020). K'osiladị, oge e ji ndị mmadụ dị ọnụọgụgụ narị ise, iri asatọ na ise nyochaa ihe mgbu nke na-dapụta ma awachaa mmadụ ahụ, na ndabere nke afọ ole ha dịgasị, tinyere ma ha bụ nwoke ka ọ bụ nwaanyị, a chọpụtara na ọ dịghị ezigbo ihe tara ọchịchị dị iche a chọpụtara karịa na ndị ntorobịa ka na-achọ ịghọ okenye ma-enwe ezigbo ihe mgbu ebe ọ hiri nne(Kánaan, 2021).

Pụri *et al.* (2011) mụrụ maka Propofol Pharmacokinetics, nke bụ ike nke ọgwụ Propofol na-akpa, bụkwa nke ọ jírí ndị nrịanrịa ndị India mee; ma ihe ọ chọpụtara na nke a bụ nke a: 5, 500ng/ml na nkeji abụọ, tinyere 0ng/ml n'awa iri abụo na anọ bu 24hrs, ka e nyesịrị Anaesthesia na njikere maka ịwa ahụ nke ga-anọru awa abụọ ma ọ bụkwanụ ọ gaghị erucha ya. Ọ wechaghị anya nke ọma ma ntule nke agbụrụ ọ na-emetụta Ike nke ọgwụ na-akpa n'ebe ọgwụ Anaesthesia nọ n'ihe ọmụmụ a. K'osiladị, nke bụ eziokwu dị ezigbo mkpa bụ na a chọpụtara Ndịiche na-esite na ịbụ nwoke ma ọ bụ ịbụ nwaànyị, nke a hụtakwara n'ebe agburu niile nọ n'ihe ọmụmụ nke a mụrụla rue ugbua, dịka nkwado nke ihe ndị a chọpụtarala nyegoro, gosikwarala site na ndi inyom ịbụ ndị na-enwekarị nsogbu nke sitere n'ọgwụ Anaesthesia ma a wachaa ha ahụ. N'oge adịchabeghị anya, inwekarị ihe mgbu ka a chọpụtara n'ebe ndị inyom ahụ zuru okè ndị China ọnụọgụgụ ha dị iri atọ na ndị India iri atọ, ebe ndị India ahụ so n'ihe ọmụmụ a ka a hutara na ha na-enwekarị ihe mgbu ndị China ndị òtù ha so n'ihe ọmụmụ a (Ng. 2019).

Ịbụ nwoke ma ọ bụ nwaanyị, tinyere agbụrụ e si pụta, ya na ndabere nke Pharmacokinetics, nke bụ ka ọgwụ si akpa ike n'ahụ n'ahụ nà ka nke a sị metụta ngwongwo ọgwụ Anaesthetics, bụ nke apụtabeghị ihe mba ndị ka na-emepe emepe (Choo, 2020; Puri et al., 2011). Ebe Puri et al. (2011) mụrụ Propofol Pharmacokinetics na ndị ọrịa obodo India dị ọnụọgụgụ iri abụọ na isii, bụ ndị na-aga ịwa ahụ nihe na-erughị awa abụọ, Okunoren-Oyekenu et al. (2014) gbalikwara nke ya site n'inyochara ndịiche dị na Pharmacokinetics nke Ọgwụ Propofol na Thiopental nọgidere na halothane ma ọ bụ isoflurane site na ntụnyere amamihe nwoke na nwanyị nke ụmụ nwanyị ojii iri abụọ na ụmụ nwoke iri abụọ ojii na-aga ịwa ahụ maka awa itoolu ma ọ bụ obere. Ihe ọmụmụ iji nyochaa mmetụta agbụrụ na metabolism nke ọgwụ dị ka ọgwụ dị ka Anestetiiki na ndị òtù ya kwesịrị ịgba ume ka ọ kwalite iji wee nwee nweta ka a ga-esi na-anụ ya.

ORÍ KEJÌ

ÌYÀTỌ̀ NÍNÚ ÀWỌ ARA LÓRÍ ÌMÚLARADÁ/ÌWÒSÀN TÍ Ó PÉYE LẸ́YÌN OÒGÙN AKUNILÓRUN FÚN IṢẸ́ ABẸ LÓRÍ IMÚ

Ní orí kìíní, a ti kọ́ ẹ̀kọ́ lórí àwọ̀ ara àti ipa tí ó kò nínú ìwòsàn tí ó yẹ lẹ́yín oògùn akunilórun fún iṣẹ́ abẹ. A tún ṣàlàyé lórí ìyàtọ̀ láarin ọkúnrin àti obínrin nípasẹ̀ ìwòsàn tí o yẹ lẹ́yín iṣẹ abẹ pẹ̀lú oògùn akunilórun. Yàtọ̀ sí àwọn àlàyé yìí, ìwòsàn tún lè ní ìdàwọ́dúró nípasẹ̀ irú ise abe tí dókìtà ṣe fún aláìsàn. Fún àpẹẹrẹ, iṣẹ́ abẹ lórí imú lè fàá kí aláìsàn ní orí fífọ́ tàbí kí ẹjẹ́ pọ̀ nínú imú lórí ise abe (Benjamin *et al.,* 2020; Chen, Liu & Fan, 2016). Iṣẹ́ abẹ lórí imú sì máa ń wáyé káàkíri àgbáyé nítorí àwọn aláìsàn tí ó ní ààrún tí ó fa ìdìwọ́ nínú bí wọn ṣe ń mí. Nítorí náà, orí kejì yìí máa ṣe àyẹ̀wò ìwòsàn tí ó yẹ láarin aláwọ̀ dúdú àti aláwọ̀ funfun lẹ́yín iṣẹ́ abẹ lórí imú pẹ̀lú oògùn akunilórun. *Aláwọ̀* dúdú tí ìran Áfríkà ní imú tí ó wúwo ju aláwọ̀ funfun tí Europe, aláwọ̀ funfun Chinese àti aláwọ̀ India (Zhuang et al., 2010). Nítorí náà, àwọn dókìtà tí wọ́n ṣiṣẹ́ abẹ máa lo àkókó tí ó pẹ̀ kí wọ́n tò parí iṣẹ́ abẹ lórí imú aláwọ̀ dúdú ju aláwọ̀ funfun lọ, nípasẹ̀ bí imú aláwọ̀ dúdú ṣe tóbi sí.

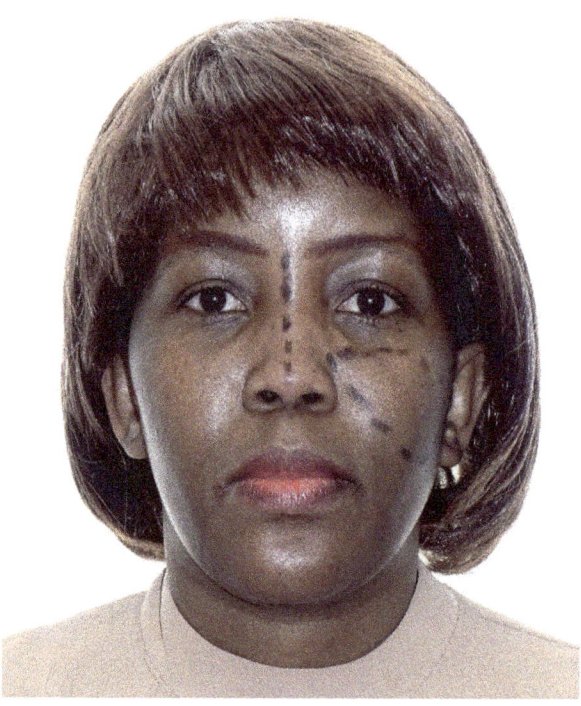

Àpẹẹrẹ Àwòrán (picture) fún àmì ti dókìtà gbọ́dọ̀ ṣe lórí imú kí wọ́n tó ṣiṣẹ́ abẹ. Àpẹẹrẹ Àwòrán nípasẹ̀ owó akọ̀wé. Apeere yìí ṣàfihàn obìnrin dúdú tí dokita fẹ́ ṣe iṣẹ́ abẹ lórí imú àti ègbẹ́ ojú. Àpẹẹrẹ yìí jẹ́ àtìlẹ́yìn fún àfihàn aláwọ̀ dúdú nínú ìwé ìkẹ́kọ̀ọ́. Aláwọ̀ dúdú gbọ́dọ̀ máa jẹ́ kí àwọn oníwàdì lo àwòrán wọn kí àwọn akẹ́kọ̀ọ́ lè mọ́ bí wọ́n ṣe máa tọ́jú aláwọ̀ dúdú dáadáa.

Àwọn íwàdìí tí a júwe yìí ti fihàn wí pé, bí ìyàtọ̀ ní àwọ̀ ara ṣe kópa nínú iwòsàn tí ó yẹ lẹ́yín iṣẹ́ abẹ náá ni irú ise abe pàtàkì jùlọ lórí imú wa tí ó yàtọ̀ ṣe kópa nínú ìwòsàn tí ó yẹ lẹ́yín iṣẹ́ abẹ. Bí dókìtà ṣe pẹ́ sí lórí iṣẹ́ abẹ aláìsàn ni bí oògùn akunilórun ṣe máa pẹ́ sí. Gao *et al.* (2018) ṣàlàyé wí pé, "láarin aláwọ̀ funfun àti aláwọ̀ Chinese, aláwọ̀ Chinese fẹ́ràn imú tí ó kéré ju aláwọ̀ funfun tàbí aláwọ̀ dúdú lọ". Ramanadham (2021) tún fíkun àlàyé lórí imú, wí pé àwọn obìnrin orílẹ̀-èdè India tí ó kọ́ iṣẹ́ dókìtà fún iṣẹ́ abẹ lórí imú kò pọ̀ ní orílẹ̀-èdè America. Èyí lè fa ìdíwọ́, nítíorí àwọn dókìtà aláwọ̀ funfun nílò àwọn àlàyé lori iṣẹ́ abẹ fún aláwọ̀ dúdú, aláwọ̀ India àti aláwọ̀ Chinese. Àwọn dókìtà láti àwọn orílẹ̀-èdè wọ̀nyìí gbọ́dọ̀ kọ́ iṣẹ́ abẹ láti ran ìran Africa àti Asia lọ́wọ́ (Villanueva *et al.,* 2019). Àwọn aláwọ̀ dúdú, aláwọ̀ Chinese àti aláwọ̀ India gbọ́dọ̀ ríi wí pé tí wọ́n bá fẹ́ kí imú wọn dàbí tí aláwọ̀ funfun, ìrírí oníkálùùkù máa yàtọ̀. Pẹ̀lù wí pé, ó tì lè jù fún dókìtà láti sọ imú aláwọ̀ dúdú di imú aláwọ̀ funfun, tí ò lè fàá kí àwọn oògùn akunilórun ṣiṣẹ́ tí kò da lára. (Villanueva *et al.,* 2019).

ISI NKE ABỤỌ

ỌDỊICHE AGỤRỤ DỊ NA MGBAKE SITE N'ANAESTHESIA

MGBE RHINOPLASTY GASỊRỊ

N'isiakwụkwọ gara aga, a kọwara na nsinaagbụrụ a ka ụcha akpụkpọ ahụ mmadụ ma leba anya na ka ọ si emetụta mgbake site ọgwụ nke Anaesthesia. Mmetụta nke ịbụ nwoke ma ọ bụ nwaanyị n'ebemgbake nọ. ka e le akwara anya. K'osiladị, ụdịrị ahụ ọwụwa ọ bụ nwere ike metụtakwa mgbake site n'Anaesthesia. Nsogbu nke akwara vascular, okè isi ọwụwa nke bekee kpọrọ Migrain, na isi ọwụwa, ka a kọwara na ha so n'ụfọdụ ihe ọjọọ na-esochi Rhinoplasty, na-abụghị ịwa ahụ (Benjamin *et al.*, 2020; Chen, Liu & Fan, 2016). Ọ bụ ezie na e nwere ike nweta rhinoplasty na-abụghị nke ịwa ahụ, mana ihe a na-elekwasị anya na-enyocha bụ rhinoplasty ịwa ahụ n'okpuru ọgwụ Anaesthesia n'ozuzu.

Ụmụ mmadụ nwere otu ụdị akuru ngwa nke ime ahụ, bụkwa nke yiwere ibe ha n'ụdị n'agbanyeghị Ndịiche dị n'agbụrụ kama na otu ihe dị ịtụnanya na ya bụ ka Ndịiche agbụrụ a site egosipụta n'imi na ụdịdị ya, ka ọ si kwaa ahụ na etu ọ hà. Ndị nrịanrịa Okunoren-Oyekenu *et al.* (2014) ji mee ihe ọmụmụ ya bụcha ndị nrịanrịa agbụrụ isiojii. (Zhuang *et al.,* 2010) mere ihe ọmụmụ banyere iji ngwaọrụ nke nchekwa onwe, nke bekee kpọrọ Personal Protective Equipment PPE, n'etiti ndị ọrụ obodo U.S.A nke juputara n'ọtụtụ agbụrụ a tụrụ ngwa, ma wee chọpụta ndịiche dị n'etiti imi ha. Ka Zhuang *et al.* (2016) wee chọpụta,

"Agbụrụ a gwaraọgwa nke African-Americans ka a chọpụtara na ha nwere imi na-adị nkenke, obosara, na imi emi karịa nke ndị Caucasia" A chọpụtakwara na imi ndị agbụrụ Afrịka na-adị arụ karịa nke agbụrụ mba ndị ọzọ. (Zhuang *et al.,* 2010). Dabere na nchọpụta ndị a, ndịiche n'obosara na ịdị arụ, imi ndị agbụrụ Afrịka dị ka ọ ga na-ewe oge karia nke agbụrụ ndị ọzọ n'ịwa ya awa n'ụzọ ịchọ mma ma ọ bụkwanụ ma a chọọ ime ka onye ahụ na-ekute ume nke ọma.

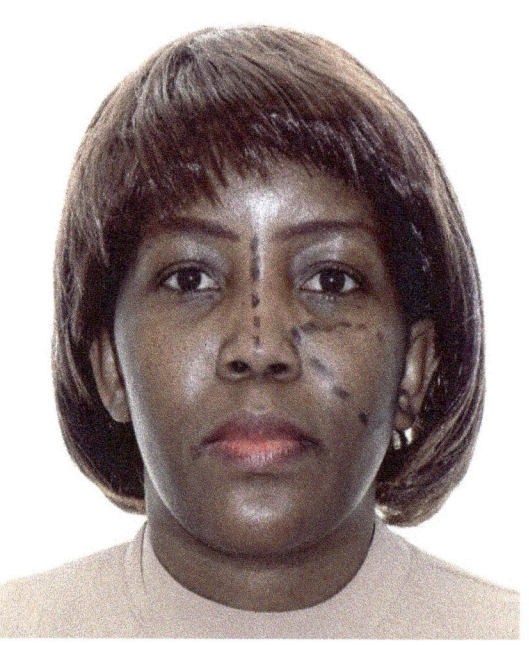

Ọgụgụ 1. Ihe atụ nke onyonyo nke akara maka ịwa ahụ ihu.

Kredit akara ihu a: Odee (Yewande Okunoren-Oyekenu).

Ọnụọgụ 1, na-egosi nwa nwaanyị ojii e jiri mee ihe ngosi a (Odee nke akwụkwọ a) ngosipụta nke akara ihu maka ịwa ahụ. Ọ na-arụ ọrụ nke onye nñomi nke na-akwalite onyonyo a na-enwekarị n'akwụkwọ ahụike n'ihi Ndịiche dị n'agbụrụ ndị ọrụ Módel ma ọ bụ ndị Ọrụ Nnomi. E kwesịrị ikwalite ndị Módel isiojii ka ha soro na mgbasa ozi na ibulite ọkọlọtọ ọrụ nke ahụike na Ihe niile banyere ha.

Obi dị odee a ụtọ n'ihụ foto ya n'ihu akwukwọ a, dịka ọ dị mbụ bụrụ onye ọrụ Módel nye ọtụtụ ngwa ahịa metụtara ahụike.

Odee a bụkwa onye ihu ya dịkwa n'ihu mmechi akwụkwọ a, dịka ihe nlereanya na-egosi otu mpaghara ihu. Ọ na-egosikwa na ọ na-eje ozi dị ka ihe nlereanya nke ndị ọkà mmụta Sayensị nwaanyị isi ojii, iji kwalite ọrụ nlekọta ahụike nke ọma mgbe ha nwere ezigbo ihe ọmụma ngwaahịa.

Dị ka a na-amụ banyere agbụrụ dị iche iche ma nchọpụta mmetụta ya nye mgbake site na Anaesthesia, ụdị mgbanwe na imi nke ndị ọrịa na-ekpebi awa ole ọ ga-ewe na, n'aka nke ọzọ, oge ọ ga-ewe tupu onye ahụ alaghachite n'onwe ya; ihe ndị a na-esokwa eweta ndịiche na-adị na mgbake site na Rhinoplasty nke e mere site n'ime ọgwụ Anaesthesia nke izugbe. Dị ka Gao *et al.* (2018), chọpụtara "Ma e were ndị inyom ndị ọcha mee ntụnyere a, ndị inyom East Africa na-achọ obere imi dị nro,ịiru ebughị ibu, iku anya dị ala alaka nwee anụahụ gwọjiri ụzọ abụọ, ọkpụkpụ imi kpakọrọ ọnụ n'ihu, elu imi dị kpụrụ kpụrụ, ma nọrọ onwé ya, jukwa eju." Ramanadham (2021) nyere akụkụ kwuru na ndị ụmụ nwaanyị Asia, ndị òtù ha esighi Nneka a chọpụtara na ha nọ n'ọrụ ịwa ahụ. Dabere n'ụdị mgbanwe nke a na-achọ n'ụmụ, bụ nke sitere na ka agbụrụ ọ bụla si achọ ka imi ha dị, tinyere enweghị ndị Plasti Surgeon ndị si n'agburu dị ichè ichè, ọ dị mkpa ikwado ndị ọwa ahụ mba Africa n'Asia ka ha jikọọ aka nwee nkwekọrịta nke mmekọrịta zuru okè ịhụ na ndị a na-achọ e mezie imi ha ka nke ndịọcha ga na-enweta ebumnobi ha. Odịiche nke si n'agbụrụ na-egosi na ọzụzụ n'ọrụ Rhinoplasy kwesịrị ịna-ebu ihe gbasara agbụrụ n'uche. Rhinoplasy na mmetụta ya na mgbake site n'Anesthesia bụ nke e kwesịrị iji nwayọ kọwaara ndị bịara ịwa ahụ, n'ime ka ha ghọta na ụdịrị mgbake ọ bụla na-adabere n'ihe onye gabigara, karịa ndabere nke ọha; nke a bụ maka ndịiche si n'agbụrụ (Villanueva *et al.*, 2019).

ORÍ KẸTA

WÍWỌN FÚN ÌRORA LẸ́YÌN IṢẸ́ ABẸ PẸ̀LÙ OÒGÙN AKUNÍLORUN

Ìyàtọ̀ láarin ọkúnrin àti obìnrin pẹ̀lù ìyàtọ̀ láarin aláwọ̀ dúdú ati aláwọ̀ funfun nípasẹ̀ oògùn akunilórun ti wáyé fún ọdún tí ó ti pẹ́. Àwọn oníwàdì káàkiri àgbáyé sì ti fihàn nínú íwàdìí wọn wí pé ìyàtọ̀ wà nínú àkókò ti oníkálùùkù máa ń jí padà lẹ́yìn iṣẹ́ abẹ pẹ̀lù oògùn akunilórun. Àmọ́ àwọn oníwàdì kò lè ṣàlàyé nǹkan tí ó fàá tí oògùn akunilórun ṣe ń ṣiṣẹ́ tó yàtọ̀ nínú àwọn aláìsàn. Tí a bá fẹ́ ṣe íwàdìí, àwọn ìgbìmọ̀ tí ó mójútó íwàdìí kò gbà kì àwọn oníwàdì lo obìnrin nítorí àwọn òfin tí wọ́n ti pèsè sílẹ̀. Awọn obìnrin máa ń ní ìfẹ́ láti kópa nínú íwàdìí nígbà mìíràn, ṣùgbọ́n àwọn oògùn tí àwọn oníṣẹ̀gùn fẹ́ ṣe àyẹ̀wò rẹ̀ lè fa kí ilé-ọmọ obìnrin bàjé tàbí kí ó fa àìlera fún ọmọ inú wọn tí irú obìnrin náà bá wà nínú oyún. Ó léwu fún obìnrin bẹ́ẹ̀ kí ó kópa nínú íwàdìí fún àyẹ̀wò oríṣiríṣi, pàtàkì júlọ, àwọn obìnrin aláwọ̀ dúdú.

Oníwàdì Òkúnọ́rẹ̀n-Òyekénù *et al.* (2014) ṣe íwàdìí lórí iyato nínú ìwòsàn tí ó yẹ lẹ́yìn iṣẹ́ abẹ pẹ̀lù oògùn akunilórun Propofol àti Thiopental (tí wọ́n fi Halothane àti Isoflurane fikún-un). Irú àwọn íwàdìí yìí dára, pàápàá jùlọ pé àwọn aláìsàn nínú íwàdìí náà jẹ́ aláwọ̀ dúdú. Àwọn aláwọ̀ dúdú kò ní ìfẹ́ sí kí wọ́n kópa nínú íwàdìí, nítorí náà, àwọn dókìtà máa ní ìṣòro láti fún wọn ní ììọ́jú tí ó péye. Àwọn oníwàdì nínú oògùn akunilórun ríi wí pé íwòsàn ara tí ó yẹ nínú àwọn aláìsàn tí ṣe àyẹ̀wò fún ẹ̀jẹ̀ wọn. Ṣùgbọ́n, nǹkan tí kò bójúmu nínú ììọ́jú aláìsàn ní wíwọ̀n fún ìrora. Ìrora tàbí àìrora yàtọ̀ láarin oníkálùùkù, nítorí náà, àwọn oníwàdì ti ṣàlàyé wíwọn ìrora bí àwọn aláìsàn ṣe ròyìn rẹ̀. Bí àpẹẹrẹ, àwọn aláìsàn tí ó wá láti ile aláwọ̀ dúdú lè sọ wí pé àwọn kò ní ìrora, orí fífọ́ tàbí ẹ̀yìn ríro nítorí àṣà orílẹ̀-èdè wọn kò gbà kí ọkùnrin máa ṣe bí ọmọdé tàbí ojo, bí ó tì lè jẹ́ pé ìrora náà pọ̀ fún wọn. Gutiérrez Lombana àti Gutiérrez Vidál (2012) ṣe ìwàdìí lórí wíwọn fún ìrora láarin àwọn aláìsàn, wọ́n sí ríi wí pé àwọn ọkùnrin máa ń sọ pé àwọn kò ní ìrora tí dókìtà obìnrin bá bérè, ṣùgbọ́n àwọn obìnrin máa sọ wíí pé àwọn ní ìrora tó pọ̀, tí dókìtà ọkùnrin bá bérè. Àwọn aláìsàn lè máa parọ́ lórí wíwọn ìrora, bí àpẹẹrẹ, aláìsàn tí ó bá fẹ́ kí dókìtà fún wọn ní oògùn ara ríro tí ó máa lè jẹ́ kí wọ́n sùn dáadáa. Aláìsàn lè màa wà nínú ìrora, ṣùgbọ̀n ààrùn tí àwọn aláìsàn ní lè fàá kí ó má sàkíyèsí pé àwọn wà nínú ìrora. Oníkálùùkù ni íyàtọ̀ nínú bí o ṣe lè gba ìnira tàbí ìrora sí. Àyẹ̀wò fún ẹ̀jẹ̀ tí ó máa sọ ìwọn fún ìrora bí irú àyẹ̀wò fún ṣúgà nínú ẹ̀jẹ̀ ni kí àwọn dókìtà àti oníwàdí oògùn máa lò fún ìtọ́jú aláìsàn.

Ìyàtọ̀ láarin àwọn ọkúnrin àti obìnrin tí a júwe nínú ìwé yìí ti sọ wí pé àwọn obìnrin máa ń ṣáàjú àwọn ọkúnrin jí padà lẹ́yìn oògùn akunilórun fún iṣẹ́ abẹ. Iye àkókò tí wọn fi la ojú won lẹ́yìn iṣẹ́ abẹ ni àwọn oníwàdí lò fi mọ̀ ọpe obìnrin máa ṣáàjú ọkúnrin jí (Eduardo *et al.,* 2016). Ojú lílà kò tó, nítórí, àwọn obìnrin ló má ní èébì, ẹ̀yìn ríro àti orí fífọ́ lọ́pọ̀lọ́pọ̀ ju ọkúnrin lọ lẹ́yìn iṣẹ́ abẹ (Ajuzieogu *et al.,* 2011). Àwọn oníwàdí Myles *et al.* (2001), ríi wí pé, mẹ́tàlélọ́gbọn nínú ọgọ́rùn-ún obìnrin (33%) ni wọn sọ nípa èébì, orí fífọ́, ẹ̀yìn ríro, àti ọ̀nà ọ̀fun dídùn, nígbà tí àwọn mẹ́rìndínlógún nínú ọgọ́rùn-ún ọkúnrin (16%) nìkan ní wọ́n sọ àwọn àìlera yìí léyìn iṣẹ́ abẹ. Èyí ni wí pé, àwọn dókítà gbọ́dọ̀ ṣọ́ra kí wọ́n tó jẹ́ kí aláìsàn padà sí ilé (Kelly *et al.*, 2015; Kohlnhofer *et al.*, 2014). Àwọn oògùn akunilórun fún iṣẹ́ abẹ ní ìfẹ́ sí ọ̀rá (Fat), nítorí èyí, alaisan tí ó bá sanra (Fat) lè ní èébì tí ó pọ̀ ju ti àwọn aláìsàn tó kù lọ.

Àwọn oògùn akunilórun tí àwọn dókìtà lò lọ́wọ́lọ́wọ́ kàkiri àgbáyé lè fa kí aláìsàn ní orísirísi àìlera tó fikún áìsàn tí wọ́n bá wá sí ilé ìwòsàn, pàápàá jùlọ́, oògùn akunilórun là já sí ikú fún aláìsàn mìíràn. Èyí ní ó jẹ́ pé, àwọn ìgbìmọ́ tí ó ń kọ́ àwọn oníwàdí ní iṣẹ́ ìṣègùn gbọ́dọ̀ jẹ́ kí àwọn oníwàdí wá oògùn tí ó ní àǹfààní ju àwọn éyì tí ò wà ní ilé ìwòsàn lọ́wọ́. Tí àwọn oníwàdí bá lè ṣiṣẹ lórí oògùn akunilórun àti ìyàtọ̀ ìwòsàn ara tí ó yẹ láarin ọkúnrin àti obìnrin, ó lè fa kí àwọn aláìsàn ní ìtọ́jú tí ó péye. Kò bójúmu láti parí iṣẹ́ abẹ lórí aláìsàn, kí dókítà sì wí pé kí aláìsàn máa padà sí ilé léyìn àkókò díẹ̀ nítorí aláìsàn ti la ojú wọn. Aláìsàn tí ó la ojú nílé ìwòsàn léyìn iṣẹ́ abẹ, lè padà sílé, kí ó sì lọ kú síbẹ̀. Àyèwò ẹ̀jẹ̀ dára kí dókítà ríi wí pé, oògùn akunilórun ti kúrò tan nínú aláìsàn ki wọ́n tó ní kí ó ma padà sílé.

Ní ìparí, irú àìsàn, irú iṣẹ́ abẹ, bí ọpọlọ (brain) ṣe rí, àti bí aláìsàn ṣe tóbi tàbí kéré sí lè ṣokùnfà àwọn ìyàtọ̀ láarin ọkúnrin àti obìnrin pẹ̀lú ìyàtọ̀ láarin aláwọ̀ dúdú àti aláwọ̀ funfun nípasẹ̀ bí oògùn akunilórun ṣe má ṣiṣẹ́ tí a júwe. Ìwé yi ti ṣàlàyé iṣẹ́ abẹ lórí imú nípasẹ̀ ìyàtọ̀ àwọ̀ ara, pẹ̀lú àkókò fún iṣẹ́ abẹ àti oògùn akunilórun. Áwọn ènííyàn tí kò jẹ́ aláìsàn, lè fẹ́ kí imú wọn tóbi sí tàbí kí ó kéré sí, wọ́n sí ma lọ sí ọ̀dọ́ àwọn oníṣègùn tí kò ní àṣẹ láti ṣí ilé ìwòsàn, ṣùgbọ́n wọn kò ní lo oògùn akunilórun. Àǹfààní wà nínú kí dókítà şişé abẹ kí ó sì máa lo oògùn akunilórun, àmọ́ kí dókítà tó ní àşẹ láti şí ilé ìwòsàn ni ó dára jùlọ, şùgbọ́n kò sí púpọ̀ nínú wọn tí ó lè şişé abẹ lórí imú (Ramanadham, 2021). Coronavirus tí ó şẹlẹ̀ ní ọdún 2019 tí a mọ̀ sí COVID-19, tí sọ wá di ènìyàn tí ó gbọ́dọ̀ máa bo imú wa láti lè má ní ààrún yìí, pẹ̀lú àwọn òşìşẹ́ ilé ìwòsàn ni ó pọ̀jù nínú àwọn tí ó nílò aşọ láti bo imù fún àkókò tí ó pé (Cabbarzade, 2020). Èyí ni wí pé ní àkókò díẹ̀ lẹ́yìn tí COVID-19 bá ti kúrò nínú ayé, àwọn ènìyàn tí ó máa nílò işẹ́ abẹ lórí imú wọn máa tùn pọ̀ si. Èyí ni wí pé kí àwọn ọmọ ilé ìwé yan işẹ́ dókítà fún işẹ́ lórí imú gẹ́gẹ́ bí işẹ́ tí wọ́n máa şe tí wọn bá kọ́ ẹ̀kọ́ wọn tán. Pàápàá jùlọ, àwọn ọmọ ilé ìwé obìnrin nítorí obìnrin tí ó lè tún ojú àti imú şe kò pọ̀ tó, á sì lé dín ìjàmbá àwọn ènìyàn tó máa ń lọ sí ọ̀dọ̀ àwọn tí kò ní àşẹ láti şí ilé ìwòsàn kù (Keane *et al.,* 2021; Ramanadham, 2021). Ìyàtọ̀ nínú ìwòsàn ara tí ó yẹ lẹ́yìn işẹ́ abẹ pẹ̀lù oògùn akunilórun lè wáyé nítorí ọjọ́ orí, bí aláìsàn şe tóbi sí, ọtí mímu, sìgá mímu, tàbí bóyá aláìsàn jẹ́ ọkùnrin tàbí obìnrin. Ìmọ̀ràn mi fún àwọn oníwàdí tí ó ń bọ̀ lẹ́yìn ni wí pé kí wọn şe ìwádìí lórí ipa tí ààrùn ọpọlọ lè kò nínú bi oògùn akunilórun lè şişé nítorí oògùn yìí máa n şişé ni ọpọlọ ju, kí ó tò lè mú aláìsàn sí ẹsẹ̀ kan ayé, ẹsẹ̀ kan ọrun. Işẹ́ tí ó kàn lẹ́yìn ìwé yìí ni "Ẹ̀kọ́ nípa oògùn akunilórun apá kejì" tí ó máa şàlàyé irú oògùn akunilórun tí a gbọ́dọ̀ lò fún aláìsàn tí ó ti wà ni, ẹsẹ̀ kan ayé, ẹsẹ̀ kan ọrun, kí wọ́n tó gbé wọn wá sí ilé ìwòsàn.

ISI NKE ATỌ

NTULE NKE MGBU NA NJIKWA ANAESTHESIA

Kemgbe ọtụtụ afọ, a mụọla ihe gbasara ka nwoke na nwaanyị tinyere agbụrụ ndị si pụta si emetụta ka e si agbake site n'anesthesia. Nke a aburukwala ihe were anya na a na-enwe ndiiche n'etiti agbụrụ na agbụrụ ya na mmadụ ịbụ nwoke ma ọ bụ nwaànyị, ya na ka ihe ndị a si emetụta mgbake site n'ọgwụ Anaesthesia. Ihe na-emechabeghị ka o doo anya bụ ihe na-akpata ndịiche a na akparamaagwa nke ọgwụ ọgwụ dị etu a. Oge a na-akpọkota ndị e ji eme ihe ọmụmụ ndị a, ọ were anya nso na-adị mfe iwep ndị umunwaayi n'ihi ụfọdụ gbasara ka e si ele ha anya ebere, tinyere ihe ndị ọzọgasị were anya ma kwesiri ngọta banyere ndị nwaànyị, nke na-eme na a na-etinye aha ha N'akwụkwọ, ka ndị agaghi eso.

Ndịiche ahụ a na-ahụ sitere na ịbụ nwoke ma ọ bụ nwaànyị nke na-emetụta mgbake site na Propofol na Thiopental (nke e sitere na Halothane ma ọ bụ Isoflorane na-enye)dịka Okunoren-Oyekenu *et al.*, (2014) nyere anatala nkwado site n'ụzọ ntule nke pharmacokinetic bụ nke e nwetara site na nnyocha sitere n'aka ụlọ nyocha nke laboratory yana ntule ka ihe a nchọpụtara n'ụlọọgwụ si adakọrịta. Ntụle nwoke na nwanyị n'ịgbake site na Anaesthesia na ọmụmụ Ihe nke Pharmacokinetic etozuola okè rue na e kwesịrị ikoeaputa ihe a hụrụ dị iche n'ebe nwoke na nwaanyị nọ, tinyere ebe ndị nrịanrịa ndị isiojii bụ ndị dabara n'otu ndị ọ dịghị abụcha obi ha isoro n'atụmatụ amụmamụ

32

ime ihe nchọpụta. Ihe nchọpụta nke a chọpụtara na ndị nrịanrịa esochiekwala ụkpụrụ Pharmacokinetic n'ọtụtụ ihe ọmụmụ.

K'osikadị, otu akụkụ nke nchegbu bụ nha nke ọnụ ọgụgụ mgbu, n'ihi na nke a bụ njedebe ọmụmụ na nchọpụta nke nnyocha dị iche iche. Mgbu bụ ihe gbasara onwe ya, tinyere na e nwere akụkọ na-emegiderịta onwe ha n'ọnụ ọgụgụ mgbu gafee ọtụtụ nchọpụta nnyocha n'ihi ndị ọrịa na-enye ọnụ ọgụgụ n'ihi mmetụta nke uche ma ọ bụ omenala. Gutiérrez Lombana & Gutiérrez Vidál (2012) kwuru na dịka ndị nrịanrịa ụmụ nwoke enyeghi mkpesa gbasara ihe mgbu, ma ọ bụ ihe mgbu dị nro mgbe ndị ọrụ nlekọta ahụike nwaanyị jụrụ; ndị nrịanrịa nke nwaanyị, n'aka nke ọzọ, nyere ihe mmkpesa ọnụọgụgụ mgbu dị elu karịa ndị ogbo ha nwoke mgbe ndị ọrụ nlekọta ahụike nwoke jụrụ ha. Okwu ndị dị etu a na-ebute inyefe ọgwụ oke nke ọgwụ mgbu ma ọ bụrụ na onye ọrịa ahụ ejirila aka ya gosipụta mmụba n'ezie. Ọzọkwa, oke mgbu nke otu onye nwere ike ịbụ ihe mgbu dị nro ma ọ bụrụ na e were ya tụnyere nke onye ọrịa ọzọ, dabere na njedebe mgbu ha na ndidi ihe mgbu nke ha, dị ka a hụrụ na ọmụmụ ihe gbasara nwoke na nwanyị. Ihe ọhụrụ dị ka mita glucose ọbara-dijitalụ nke nwere ike ịlele ọkwa mgbu n'ụzọ ziri ezi ma ọ bụrụ na ọ dị mkpa ka onye ọrịa na-akọ onwe ya na njikwa mgbu. Nchọpụta atụmatụ ọhụrụ yiwere ọbara-glucose-mita (blood-sugar-meter), nke nwere ike ịtụ kpọmkwem ka mgbu ha, n'abughị nke onye ọrịa ga-eji aka ya kwuo ọnụọgụgụ nke mgbuya -nke aka a chọrọ na njikwa nke mgbu.

Ọtụtụ nchọpụta akọpụtala ndịiche dị n'okike gbasara mgbake site n'Anaesthesia. Ụfọdụ ọmụmụ hụrụ ọdịiche dị n'etiti nwoke na nwaanyị na mgbake site n'Anaesthesia dị ka ikike nke mmadụ isi n'ụlọọgwụ laa, nke a hutara site na mmadụ inwetaghari onwe ya dịkwa ka ọ dị na mbụ tupu a waa ya ahụ (Eduardo *et al.,* 2016). N'ụzọ dị mwute, a na-ahụta na ụmụ nwanyị na-enwe ihe napụtara dị njọ site n'ọgwụ Anaesthesia izugbe n'agbanyeghị ike nke nrubeisi n'iwu ha na-egosipụta ngwangwa a waachara ha ahụ, ma e jiri ya tụnyere ndị ogbo ha nwoke (Ajuzieogu *et al.,* 2011). Dị ka Myles *et al.* (2001), Pasentị iri atọ na atọ (33%) nke ụmụ nwanyị na pasentị iri na isii (16) nke ụmụ nwoke na-enweta nsogbu mgbe a wachara ha ahụ, dịka ọgbụgbọ na ahụhụ ime mmadụ ka ọ chọrọ ịgbọ, isi ọwụwa, azụ mgbu na ọnya akpịrị. Ọ na-egosi na ọrụ nnyocha kwesịrị inwe mkpachara anya n'ịkọwa mgbake site n'Anaesthesia, iji gbanarị mmadụ isi n'ụlọọgwụ laa oké ngwangwa, nke pụrụ ibute ọtụtụ ọnọdụ nke ibughachite mmadụ n'ụlọọgwụ.nihi ọtụtụ ihe napụta nke na-dapụtakarị ma a waachaa mmadụ ahụ (Kelly *et al.,* 2015; Kohlnhofer *et al.,* 2014).

Ọgwụ ndị na-arụ ọrụ Anaesthesia, ndị dị kà Propofol ka a si na ha dị Lipophilic, nke pụtara na ha na-achọ ebe abuba dị (Fat loving); ya mere, ndị ọrịa buru ibu na-abịakarị ndị na-enwetakarị na-dapụta ọjọọ ndị a bụ mmadụ ịchọ ịgbọ ya na ọgbụgbọ. Ọgwụ Anaesthesia izugbe e ji arụ ọrụ ugbua n'ụwaniile na-ebutekwa ihe ndapụta nke mmetụta ya adịghị adị mma chaa chaa. K'osiladị, n'ihi ụmụ urughuru Ihe ndị dị

mkpa nke gbasara nkwado nke atụmatụ ọgwụ ọhụrụ ma ọ bụkwanụ
nke e nwere ike iji rụọ yabụ ọrụ, ya mere na ọ na-enye ezi nsogbu
ịmepụta ọgwụ nke nwere kpọmkwem ihe ihe nnara ahụ a na-achọ, ma
nweekwa obere ihe mmetụta. Ihe nnọchiteanya nke ndịiche dị n'etiti
nwoke na nwaanyị di mkpa n'iji maputa Ihe ndị ahụ na-akpata ndịiche
ndị a.

Nnyocha ọgwụ nke ọgwụ Anaesthetic na ndị òtù ya nwere ike iweta
data dịka ịmara ka ọgwụ a si ju, karịa nke ileba anya n'oge ọ na-ewe,
bụkwa nke nwere ike inye ntinyeuche n'ebe ndịiche nke nwoke ma ọ
bụ nwaànyị si aputa karịa ndabere nke imepe anya, ịnantị n'iwu ma ọ
bụ nke ịhazi nha na ọnụọgụgụ nke mgbu. Ntule ọgwụ na ọgwụ zìrì ezi
bụ ngwaọrụ iji chọpụta odịiche dị na nkesa ọgwụ Anastetiiki n'etiti
nwaoke na nwaanyị na mmetụta ya na mgbake. N'ikpeazụ, ụdị ọrịa,
ụdị ahụ ọwụwa, nhazi ụbụrụ, na njirimara ndị ọrịa dị ichè ichè na-
emetụtakwa ka ngwongwo Anaesthetic si akpa àgwà. A kọwara
Rhinoplasty n'ebe a ka ndịiche nke nsinaagbụrụ nke na-esite na etu si
kwaa ụdịdị na nha ya, nke na-emetụtakwa ọwụwa ya na oge
Anaesthesia ga-ewe oge a tụrụ anya mgbanwe. Rhinoplasty nke
abụghị maka ịwa ahụ nwere ike ịnwe uru karịa Rhinoplasty ịwa ahụ.
Ka ọ dị ugbu a, ọtụtụ ndị ọrịa agakwurula ndị Dọkinta na-awa ahụ nke
ịchọ mma, ndị enweghị akwụkwọ nke ikikere n'ọrụ a, n'ihi okè ụkọ nke
ndị bụ ọkachamara n'ọrụ (Ramanadham, 2021).

Ọrịa ozurumbaụwa bụ Covid-19 nwekwara ike iso n'imetụta ọchịchọ nkè a na-achọ Rhinoplasty n'ihi ojiji nke ndị mmadụ nye ihe mkpuchi ihu bụ Face Maskị, nke bụkwa nke nwere ike inyere ndị mmadụ nkwarụ n'imi, ebe ndị ọrụ ahụike nọ n'iheegwu dị ukwuu n'ihi iji ihe mkpuchi ihu a ogologo mgbe dabere na ntọala ahụike (Cabbarzade, 2020). Dịka atụmatụ nke mmụba na itinye mmadụ niile n'ihe a na-eme, nke dị ugbu a, iji mee ka ọnụọgụgụ ndị Dọkinta inyom na-awa ahụ nke ịchọ mma mụbaa, a ga-enwe mbelata nsogbu na-esite na Rhinoplasty mgbe ndị ọrụ nwere ikikere na-arụ ha (Keane *et al.*, 2021).

Amụmamụ na-atụ ka ọgwụ ọgwụ si akpa ike nke bụ Pharmacokinetic ya na ndabere nke nchọpụta nke nnyocha banyere mmetụta nke ụzọ ọzọ ahụ e si enweta Anaesthesia ya na Anaesthetic izugbe a ma ama site n'igwakọta mmetụta nke nsinaagbụrụ, amị ma ọ bụ oke, afọ ole onye ahụ dị, ibu, ka onye si anụ mmanya, ise sịga, na ihe gbasara mgbake site n'Anaesthesia, bụcha ihe a na-akwado. Amụmamụ ndị ọzọ nwere ike ịdapụta echi, kwesịrị ileba anya na mmetụta nke mmebi nke ụbụrụ na mgbake site n'Anaesthesia. Module ọzọ n'amụmamụ a bụ Anestetiiki Pharmacology 201, Mmerụ Ahụ Ụbụrụ Na Mmetụta Ya, Na Ihe Ọ Pụtara N'Ansesthesia.

Okunoren-Oyekenu, Anwankwo, Echeme & Apata (2022)   Yoruba Language and Igbo Language for Healthcare Workers

ÀWỌN ÌWÉ ÌTỌ́KASÍ /REFERENCES/NKWURU

Ajuzieogu, V.O., Amucheazi, A.O., Ezike, H.A. and Nwajiobi, C. (2011). Gender difference and quality of Recovery after general anaesthesia. *The Internet Journal of Anesthesiology*. 28.2.

Benjamin, M., McGregor, A., Yousif, S., Shaikh, D., & Reish, R. G. (2020). Entrapment Neuropathy Causing Persistent Headache Symptoms after Nonsurgical Rhinoplasty. *Plastic and reconstructive surgery. Global open*, 8(12), e3209.

Cabbarzade, C. (2020). A Practical Way to Prevent Nose and Cheek Damage Due to the Use of N95 Masks in the COVID-19 Pandemic, *Aesthetic Surgery Journal*, 40(10), NP608–NP610.

Canbay, O., Celebi, N; Sahin, A; Celiker, V., Ozgen, S. and Aypar, U. (2008). Ketamine gargle for attenuating post operative sore throats *British Journal of Anesthesia* 100.4; p490 – 493.

Chen, Q., Liu, Y., & Fan, D. (2016). Serious Vascular Complications after Nonsurgical Rhinoplasty: A Case Report. *Plastic and reconstructive surgery. Global open*, 4(4), e683.

Choo, V. (2020). The State of Anesthesia Practice in Sub-Saharan Africa: Statistics, Case Studies, and Ways Forward. The University of Texas South Western Medical Center, Thesis.

Christensen, A.M; Willemoes – Larsen, H; Lundby, L and Jakobsen, K.B. (1994). Postoperative throat camplaints after tracheal intubation. *British Journal of Anaesthesia* 73; p786 – 787.

Okunoren-Oyekenu, Anwankwo, Echeme & Apata (2022)   Yoruba Language and Igbo Language for Healthcare Workers

Christensen, J.H; Andreasen, F and Jansen, J.A. (2011). Influence of Age and Sex on the pharmacokinetics of thiopentone. *Br J Anaesth* 53. 11:1189 – 1195.

Dos Santos Marques, I.C., Herbey, I.I., Theiss, L.M., Hollis, R.H., Knight, S.J., Davis, T.C., Fouad, M. & Chu, D.I. (2020). Understanding the Surgical Experience for African-Americans and Caucasians With Enhanced Recovery. *Journal of Surgical Research*, 250; p.2-22.

Eduardo, T. M., Fábio, C. O. L., Bernardo, R.N., Gustavo, F.P.S., Nathália V. & Laís, H.C.N. (2016). Quality of recovery from anesthesia of patients undergoing balanced or total intravenous general anesthesia. Prospective randomized clinical trial, Journal of Clinical Anesthesia, 35; p369-375.

Ellermeier, W. and Westphal, W. (1995). Gender differences in pain ratings and pupil reactions to painful pressure stimuli. *Pain* 61; p435 -439.

Feine, J.S; Bushnell, M.C; Miron, D. and Duncan, G.H. (1991). Sex differences in the perception of noxious heat stimuli. *Pain* 44; p255 – 262.

Fenta, E.,Teshome, D., Melaku, D. & Tesfaw, A. (2020). Incidence and factors associated with postoperative sore throat for patients undergoing surgery under general anesthesia with endotracheal intubation at Debre Tabor General Hospital, North central Ethiopia: A cross-sectional study. *International Journal of Surgery Open*, 25; p.1-5.

Gao. Y., Niddam, J., Noel, W., Hersant, B. & Meningaud, J. P. (2018). Comparison of aesthetic facial criteria between Caucasian and East Asian female populations: An esthetic surgeon's perspective, *Asian Journal of Surgery*, 41(1); p4-11.

Gutiérrez Lombana, W, & Gutiérrez Vidál, S. E. (2012). Pain and gender differences. A clinical approach. *Colombian Journal of Anestesiology, 40*(3); p207-212.

Jaensson, M., Gupta, A. & Nilsson, U. (2014). Gender differences in sore throat and hoarseness following endotracheal tube or laryngeal mask airway: a prospective study. *BMC Anesthesiol* 14(56).

Kanaan, S.F., Melton, B.L., Waitman, L.R., Simpson, M.H. and Sharma, N.K. (2021), The effect of age and gender on acute postoperative pain and function following lumbar spine surgeries. *Physiother Res Int*, 26.

Keane, A. M., Larson, E. L., Santosa, K. B., Vannucci, B., Waljee, J. F., Tenenbaum, M., Mackinnon, S. E. & Snyder-Warwick, A. K. (2021). Women in Leadership and Their Influence on the Gender Diversity of Academic Plastic Surgery Programs, *Plastic and Reconstructive Surgery*, 147(3); p.516-526.

Kelly, K.N., Iannuzzi, J.C., Aquina, C.T., Probst, C.P., Noyes, K., Monson, J.R.T. and Fleming, F.J. (2015). Timing of Discharge: a key to Understanding the Reason for Readmission after Colorectal Surgery. *J Gastrointest Surg* 19; p418-428.

Kim, M. H., Kim, M. S., Lee, J. H., Seo, J. H., & Lee, J. R. (2017). Can quality of recovery be enhanced by premedication with midazolam?: A prospective, randomized, double-blind study in females undergoing breast surgery. *Medicine, 96*(7), e6107.

Kohlnhofer, B.M., Tevis, S. E., Weber, S. M. & Kennedy, G. D. (2014). Multiple complications and short length of stay are associated with

Okunoren-Oyekenu, Anwankwo, Echeme & Apata (2022)   Yoruba Language and Igbo Language for Healthcare Workers

postoperative readmissions, *The American Journal of Surgery*, 207(4); p.449-456.

Loeser, E.A., Bennett, G.M., Orr D.L. and Stanlrey, T.H. (1980). Reduction of postoperative sore throat with new endotracheal tube cuffs. *Anesthesiology.* 52; p257.

Marcario, A. Weinger, M., Carney, S. and Kim, A. (1999). Which clinical anaesthesia outcome are important to avoid? The perspective of patients. *Anesth Analg.* 89; p652 – 658.

Maurice-Szamburski A, Auquier P, Viarre-Oreal V, *et al.* (2015). Effect of Sedative Premedication on Patient Experience After General Anesthesia: A Randomized Clinical Trial. *JAMA*, 313(9); p916–925

Murrie, V. Dixon, A., Hollingworth, W; Wilson, H and Doyle, T. (2003). Lumbar lordosis: study of patients with and without low back pain. *Clinical Anatomy*, 16; p144 – 147.

Myles P.S., McLeod A.D., Hunt J.O., and Fletcher, H. (2001). Sex differences in speed of emergence and quality of recovery after anaesthesia; cohort study. *British Medical Journal,* 322; p710-711.

Natarajan, A., Strandvik, G.F., Pattanayak, R., Chakithandy, S., Passalacqua, A.M., Lewis, C.M. and Morley, A.P. (2011). Effect of ethnicity on the hypnotic and cardiovascular characteristics of propofol induction. *Anaesthesia*, 66; p15-19.

Ng, T. S. (2019). Racial differences in experimental pain sensitivity and conditioned pain modulation: a study of Chinese and Indians. *Journal of pain research, 12*, 2193–2200.

Okunoren-Oyekenu, Anwankwo, Echeme & Apata (2022)   Yoruba Language and Igbo Language for Healthcare Workers

Okunoren-Oyekenu, Y., Sanusi, A., *et al*. (2014). Gender comparison of recovery from intravenous and inhalational anaesthetics among adult patients in South-West Nigeria (1064.3). *The FASEB Journal, 28*.

Ortolani, O., Conti, A., Chan, Y. K., Sie, M. Y., & Ong, G. S. Y. (2004). Comparison of Propofol Consumption and Recovery Time in Caucasians from Italy, with Chinese, Malays and Indians from Malaysia. *Anaesthesia and Intensive Care, 32*(2); p250–255.

Ortolani, O., Conti, A., Ngumi, Z.W., Texeira, L., Olang, P., Amani, I. & Medrado, V.C. (2004). Ethnic differences in propofol and fentanyl response: a comparison among Caucasians, Kenyan Africans and Brazillians. *European Journal of Anesthesiology*, 21(4); p314-319.

Ortolani, O., Conti, A., Sall, B., Salleras, J., Diouf, E., Kane, O., Roberts, S. & Novelli, G. (2001). The recovery of Senegalese African Blacks from intravenous anesthesia with propofol and remifentanil is slower than that of Caucasians. *Anesthesia & Analgesia*, 93(5); p1222-1226.

Puri, A., Mehdi, B. Panda, N.B. Puri, G.D. and Dhawan, S. (2011). Estimation of Pharmacokinetics of propofol in Indian patients by HPLC method. *J. Analy Bioanal Techniques*. 2.2: 1000120.

Ramanadham, S. R. (2021). South Asian Women: The Unexpected Minority in Plastic Surgery, *Plastic and Reconstructive Surgery*: 147(3); p.792-794.

Stadler, M., Bardiau, F., Seidel, L., Albert, A. and Boogaerts, J.G. (2003). Difference in risk factors for post operative nausea and vomiting. *Anesthesiology*. 98; p.46 – 52.

Okunoren-Oyekenu, Anwankwo, Echeme & Apata (2022) Yoruba Language and Igbo Language for Healthcare Workers

Villanueva. N. L., Afrooz, P.N., Carboy, J.A., Rohrich, R.J. (2019). Nasal Analysis: Considerations for Ethnic Variation. *Plast Reconstr Surg.* 143(6); 1179e-1188e.

Zhuang, Z., Landsittel, D., Benson, S., Roberge, R. & Shaffer, R. (2010). Facial Anthropometric Differences among Gender, Ethnicity, and Age Groups, *The Annals of Occupational Hygiene*, 54(4); p.391–402.

Zubieta, J.K., Dannals, R.F. and Frost J.J. (1999). Gender and age influences on human brain mu-opioid receptor binding measured by PET. *Am J Psychiatry.* 156; p.842 – 848.

Okunoren-Oyekenu, Anwankwo, Echeme & Apata (2022)   Yoruba Language and Igbo Language for Healthcare Workers

ÀFÍKÚN KÍKÀ /SUGGESTED READING/AKWỤKWỌ KWESỊRỊ ỌGỤGỤ

Berchtold, V., Stofferin, H., Moriggl, B., Brenner, E., Pauzenberger, R. & Konschake, M. (2017). The supraorbital region revisited: An anatomic exploration of the neuro-vascular bundle with regard to frontal migraine headache, *Journal of Plastic, Reconstructive & Aesthetic Surgery*, 70(9); p.1171-1180.

Campesi, I., Fois, M. and Franconi, F. (2013). Sex and Gender Aspects in Anesthetics and Pain Madication. In: Regitz-Zagrosek V. (eds). Sex and Gender Differences in Pharmacology. Handbook of Experimental Pharmacology, vol 214. Springer, Berlin, Heidelberg.

Dawidowicz, A.L., Kalitynski, R. and Fijalkowska, A. (2003), Free and bound propofol concentrations in human cerebrospinal fluid. British Journal of Clinical Pharmacology, 56: 545-550

Gilberto C., Roberto, T., Massimo T., Massimo T. and Bonfigli, A. (2001). Fast, Simple and Cost – effective determination of Thiopental in human plasma by a new HPLC technique. *Clinical Chimica Acta* 305; 41 – 45

Hoymork, S.C. and Raeder, J. (2005). Why do women wake up faster than men from propofol anaesthesia. *British Journal of Anaesthesia*. 95.5: p657 - 633.

Misal, U. S., Joshi, S. A., & Shaikh, M. M. (2016). Delayed recovery from anesthesia: A postgraduate educational review. *Anesthesia, essays and researches*, *10*(2); p164–172.

Xavier C., Smet, E., Lantsoght, K., Salvi, J., Bolon- Larger, M., and Boulieu. (2007). A   rapid and simple HPLC method for the analysis of propofol in

Okunoren-Oyekenu, Anwankwo, Echeme & Apata (2022)   Yoruba Language
and Igbo Language for Healthcare Workers

biological fluids. *Journal of Pharmaceutical and Biomedical Analysis*

44; p680-682

NIPA ÒNKÒWÉ/ABOUT THE AUTHOR

Yéwandé Òkúnóṛèn-Òyekénù, jé olùwádì onímò-jìnlè tí ó nífèé sí iṣé ààrùn ọpọlọ, àtúnṣe ọpọlọ omo tuntun pèlú oògùn, oògùn akunilorún fún iṣé abẹ àti oògùn fún ìrora. Ó gba oyè Bẹ́ẹsì (B.Sc) ní Biochemistry láti ilé-ìwé gíga ti Ọlábísí Ònàbánjọ ní Ìpínlè Ògùn (Ogun State), àti Ẹ́mẹẹsì (M.Sc) ní Pharmacology (Pharmacokinetics) láti Yunifásitì ti Ìbàdàn (UI), Nigeria. Iṣé gbìgba oyè Ọ̀mọ̀wé (Doctorate) rè bèrè ní ilé-èkọ́ gíga ti Leicester, UK, níbi tí ó ti kẹ́kọ̀ọ́ nípa Èkọ́-ara àti Èkọ́ àtúnṣe ọpọlọ omo tuntun pèlú oògùn. Lẹ́yìn náà ni ó lọ si Ìlú America ní California Intercontinental University fún Doctor of Business Administration nínú ìbójútó ilé ìwòsàn. Yéwandé fẹ́ràn láti máa ṣáláyé iṣé oògùn fún àwon omo ọdún mẹ́sàn-án sí méjìdínlógún. British Pharmacological Society fún Yéwandé ní èbùn tí ó dára jùlọ nínú ètò-èkọ́ nípa oògùn ní ọdún 2019. Èyí ṣe àtìlẹyìn fún un láti jé kí èkọ́ lórí oògùn akunilórun rọrùn fún un láti ṣe.

NÍPA ÒGBUFÒ ÈDÈ YORÙBÁ/YORUBA TRANSLATOR

Ọ̀gbẹ́ni Abel Àpata jẹ́ olùkọ́ni ní ilé-ẹ̀kọ́ girama tí wọ́n yan èdè abínibí Yoùbá láàyò láti kọ́ àwon ọmọ kéèkèké ní èdè Yorùbá.

Ọ̀gbẹ́ni Àpata lọ sí ilé ìwé alákòóbẹ̀rẹ̀ ati girama. wọ́n tẹ̀síwájú nínú ẹ̀kọ́ wọn sí ilé ẹ̀kọ́ gíga Federal College of Education Osiele, Abeokuta Ogun State láti gba oyè Nísìì (NCE). Ìfẹ́ láti ka ìwé síi ni wọ̀n tún gba ilé-ẹ̀kọ́ gíga ti Ifáfitì ti ìlú Èkó (University of Lagos) lọ láti kọ́ ẹ̀kọ́ nípa Ìṣàkóso àti Ètò Ẹ̀kọ́ {Educational Management and Planning}.

Ọ̀gbẹ́ni Àpata ní ìyàwó, Ọlọ́run sì fi omo rere ta wọn lọ́rẹ.

NÍPA AS̩Ọ̀YE/COMMENTATOR

Dorcas Ọláyínká aya Anwankwo jẹ́ olùkọ́ tí ó nífẹ̀ẹ́ sí kí a máa ran àwon ọmọdé lọ́wọ́ láti mọ̀ọ́kọmọ̀ọ́kà pàtàkì jùlọ àwon ọmọ tí wọn tiraka láti kẹ́kọ̀ọ́ láti di ènìyàn pàtàkì láyé. Ó ní ọ̀pọ̀lọ̀pọ̀ ìmọ̀ nínú lílo British Curriculum láti máa fi kọ́ àwon ọmọ kéèkèké. Dorcas ka ìwé ni ilé ìwé gíga Bowen University Ìwó ní Ìpínlẹ̀ Ọ̀sun níbi tí ó ti gba Bsc in Banking and Finance àti PGDE láti ilé ìwé gíga National Open Universiy ní ìlú Èkóó (Lagos). Nísisìyìí Dorcas ti yan kí a máa kọ́ àwon akẹ́kọ̀ọ́ ní èdè Yorùbá ní orí afẹ́fẹ́ àti ní orí ẹ̀rọ alátagbà ayé lujára káàkiri orílẹ̀ àgbáyé.

TRANSLATOR (MAKA ONYE NTỤGHARỊ ASỤSỤ A N'IGBO)

Dokinta Odoziakụ Cynthia Ogbenyealu Echeme na-arụ ọrụ ka Onye Ihe Ngosi nke na-agụpụta Akụkọ Ụwa n'ụlọọrụ mgbasaozi nke onyonyoo bụ Africa Independent Television (AIT), Asokoro Abuja. Ọ gụrụ Linguistics Igbo na Mahadum nke University of Nigeria, Nsukka, Ọkachamara na Nnyocha na Ntụcha edemede iduuazi. Ọ bụkwa otú n'ime mmadụ atọ dere Projekt B.A ha n'Igbo na ngalaba Dept. of Linguistics & Nigerian Languages, Nsukka (1994), ebe ọ nwetara akara dị elu nke 2:1. O nwetakwa nzere Masters na University of Port-Harcourt, Rivers State, Nigeria, na Lingwistiks kpọmkwem(Pure Linguistics). Ọ mekwara nkeọma. O nwetekwara nzere nke Doctorate nkwanye ùgwù nke International Internship University IIU, 2021 na ngalaba PHD na Social Welfare. Ọ bụkwa onye odee nke derela akwụkwọ agụmagụ na Bekee na nke Igbo a kpọrọ *Gbagbuo Gọna Gọna*. Ọ rụburu ka Odeakwụkwọ ukwu n'Igbodum Foundation, rụọkwa ka Osote Onye isi na Nzukondigbo Empowerment Initiatives maka ịkwalite asụsụ na omenala Igbo na asụsụ ndị na mbauwa n'ụlọ na n'ụlọ-akwụkwọ anyị dị iche iche. O nwetakwala ọtụtụ asambodo maka ịkwalite amụmamụ, omenala na ọdịmma nke ndị mmadụ bido na Steeti ya. Cynthia bụkwa onye Nnọchiteanya nke International Internship University IIU, nke Naijiria; nke Peace Wings & Democracy Int'l, Ottawa, Canada; nke Sustainable Procurement Supply Chain(SPSC); nke Namaste India; ma bụrụkwa onye na-enyere Dairektọ aka (Assistant Director) na IIU-Team-Nigeria. Ọ sokwa out n'ime ndị natara asambodo mbulielu nke "Golden Writer Award", sitere n'aka Pegasus Burcke Int'l Art Center (Germany) yana Radíus International Art Center, tikọrọ aka hazie.

AKA ODEE A

Dr. Yéwandé Òkúnó̩rè̩n-Òyekénù (Adamma) bụ onye nchọpụta nwere mmasị ma ngalaba nchọpụta nke ihe ọhụrụ na nlekọta ahụike, atụmatụ mmekọrịta azụmahịa tara ọchịchị, ihe mmetụta dị omimi nke bụ trauma, mgasara ụbụrụ ụmụaka a mụrụ ọhụrụ na nrụzi ụbụrụ ha, Anaesthesia, na nchịkwa mgbu. B.Sc na Biochemistry site na Mahadum a na-akpọ Olabisi Onabanjo University, Nigeria, nwekwara M. Sc. na Pharmacology na Theraprutics, na Ọkachamara na Pharmacokinetics site naa Mahadum nke a na-akpọ University of Ibadan, Nigeria. Amụmamụ nke Doctorate ya bidoro na Mahadum nke Leicester, UK, ebe ọ gụrụ maka Cell Physiology na Pharmacology, na Ọkachamara Neuroscience, tupu ọ gafee na California Intercontinental University ịgụ Doctorate na Business Administration na Healthcare Management and Leadership.

Dịka onye isi (CEO) nke Wendy Noren, ọ na-ejiko ebe ọ fọtụrụ n'etiti ọrụ nnyocha nke ngalaba ahụike ya na nrụpụta ihe a hụrụ anya n'ọrụ, iji hụ na e nwetara ngwangwa ihe a na-ahụ ánya site n'ihe nchọpụta niile nke a na-eme iji nyere ọhaneze aka.

Ọ na-ejekwa ozi dịka onye otu Advisory Board nye ọtụtụ ndị ọrụ nlekọta ahụike ma na-akwadokwa ndị gbara afọ 9-18 n'itinye aka n'ọrụ STEM.